健康 科普中国行 营养保健系列

食源性低聚肽

科普指南

中国保健协会科普教育分会
四川健康家商贸有限公司 ◎编著

华龄出版社
HUALING PRESS

图书在版编目 (CIP) 数据

食源性低聚肽科普指南 / 中国保健协会科普教育分会，四川健康家商贸有限公司编著 . -- 北京 : 华龄出版社，2023.2
ISBN 978-7-5169-2461-7

Ⅰ . ①食… Ⅱ . ①中… ②四… Ⅲ . ①低聚物—肽—疗效食品—指南 Ⅳ . ① TS218-62

中国国家版本馆 CIP 数据核字 (2023) 第 018871 号

特邀编辑 张 扬　　责任印制 李未圻
责任编辑 林欣雨　　装帧设计 吕宜昌

书　名	食源性低聚肽科普指南	作　者	中国保健协会科普教育分会 四川健康家商贸有限公司
出　版 发　行	华龄出版社 HUALING PRESS		
社　址	北京市东城区安定门外大街甲 57 号	邮　编	100011
发　行	（010）58122255	传　真	（010）84049572
承　印	三河市金泰源印务有限公司		
版　次	2023 年 2 月第 1 版	印　次	2023 年 2 月第 1 次印刷
规　格	880mm × 1230mm	开　本	1/32
印　张	3	字　数	39 千字
书　号	ISBN 978-7-5169-2461-7		
定　价	38.00 元		

序言 PREFACE

上个世纪末，我国食品市场上出现了一些“多肽”产品。由于其吸收率低，产品声称的营养功能不明显，并未引起重视。

我国具有丰富的动植物加工副产物蛋白质资源。自本世纪初，在国家科技支撑项目、国家高技术研究发展计划（863 计划）和国家重点研发项目等专项的支撑下，中国食品发酵工业研究院蔡木易团队相继攻克了动植物资源的蛋白质提取技术、酶膜耦合降解蛋白质技术、工程化设计等一系列技术难关，完成以低聚肽为特征的，食源肽类原料成套工艺的开发与产业化工作；主持制定了首个食源肽类行业标准《大豆肽粉》（QB/T2653-2004）和首个食源肽类国家标准《海洋鱼低聚肽粉》（GB/T22729-2008），建立起了食源性低聚肽食源肽标准体系。主持申报的玉米低聚肽、小麦低聚肽被原卫生部批准为新资源食品，目前是我国仅有的两个食源性低聚肽新资源食品（新食品原料）。

中国食品发酵工业研究院蔡木易团队结合本团队多年的研究成果，以及国内外大量相关研究文献，编著成《食源性低聚肽》一书。该书阐述了食源性低聚肽的基本概念、吸收机制和生产制备方法，并系统介绍了海洋胶原低聚肽、玉米低聚肽、大豆低聚肽、乳蛋白肽等多种不同动植物蛋白来源，其低聚肽的主要特性和生理功能。书中还对食源性低聚肽的相关法规，食源性低聚肽在营养功能食品和特殊医学用途食品等领域的应用作了详细介绍。

根据中国食品发酵工业研究院蔡木易主编的《食源性低聚肽》一书中，关于食源性低聚肽的生理功能等内容，节选编辑成的这本小册子，意在使广大消费者科学地认识、合理地选择食源性低聚肽产品。

并在此衷心感谢中国食品发酵工业研究院蔡木易团队。

贾亚光　中国保健协会副理事长

2022 年 6 月 9 日

目录
CONTENTS

第一章 低聚肽的基本概念

第二章 海洋鱼皮胶原低聚肽的生理功能

第三章 牡蛎低聚肽的生理功能

第四章 玉米低聚肽的生理功能

第五章 小麦低聚肽的生理功能

第六章 大豆低聚肽的生理功能

第九章 豌豆低聚肽的生理功能

第十章 大米低聚肽的生理功能

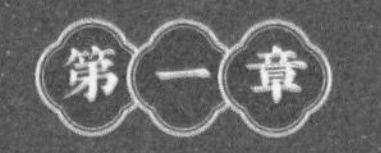

低聚肽的基本概念

蛋白质、氨基酸与肽

蛋白质、肽都是以氨基酸为基础的聚合物，但它们化学结构的复杂程度、理化性质以及在体内所发挥的作用存在很大差异。另外，从营养学的角度，蛋白质、肽、氨基酸三者又是氮源营养素的不同形式，其营养效率和健康作用也有不同。

（一）蛋白质

蛋白质是化学结构复杂的一类有机化合物，是人体的必需营养素。

近两个世纪的研究表明，蛋白质是人体必需的营养素之一，参与构成机体组织及损伤修复、载体运输、免疫调节、激素调节、体液调节、提供能量等多种生理活动。

自然界中蛋白质的化学结构非常复杂，大多数蛋白质的化学结构尚未探明，目前常依据蛋白质的化学组成、形状和营养价值等对其分类。

按营养价值分类：可分为完全蛋白（也称优质蛋白）、半完全蛋白和不完全蛋白。

从生命活动的角度而言，蛋白质是生命活动中最重要的物质，生命的产生、存在和消亡都与蛋白质有关。蛋白质是生命的物质基础，没有蛋白质就没有生命。

（二）氨基酸

氨基酸是构成蛋白质的基本单位。

在人体所需的各种氨基酸中，一部分可以在体内合成，称为非必需氨基酸。不能在体内合成或合成速度不能满足机体需要，必须由食物提供的氨基酸，称为必需氨基酸。

（三）肽

蛋白质就是很多个氨基酸以肽键连接在一起，并形成一定空间结构的大分子。由于氨基酸的种类、数量、排列次序及所形成的空间结构的千差万别，就构成了无数种功能各异的蛋白质。

关于肽的命名，通常有以下几种方式：

（1）以肽的来源命名。即根据肽的动、植物来源或蛋白质来源进行命名。如源自陆地植物的大豆低聚肽、玉米低聚肽、小麦低聚肽、豌豆低聚肽等；源自海洋动物的牡蛎肽、海参肽等；以原蛋白名称命名，如源自牛乳的乳清蛋白肽、酪蛋白肽，源自鸡蛋的卵蛋白肽，以及以鱼皮、鱼鳞、鱼骨、猪皮、猪骨、牛皮、牛骨等为原料制备的胶原低聚肽等。

（2）以肽的功能特点命名。即根据肽的生物活性或风味特点进行命名。如降压肽、降脂肽、阿片样肽、抗血栓肽等，以及甜味肽、苦味肽、咸味肽等。

（3）以肽链中包含的氨基酸数量进行命名。如由两个氨基酸分子形成的肽称为二肽，由三个氨基酸分子形成的肽称为三肽；依此类推，还有四肽、五肽、六肽等。

肽的种类非常多。从理论上计算，存在 400 多种可能的二肽和 8000 多种可能的三肽。随着肽链长度的增加，可能形成的肽链种类更是多得不可计数。通常，将由 2~9 个氨基酸组成的肽称为低聚肽（也称寡肽）；由 10~50 个氨基酸组成的肽称为多肽。51 个及以上氨基酸组成的肽常常被归为蛋白质。

目前，对于食源性低聚肽的命名并没有统一的规则，常用的有直接以来源的植物或动物命名，或直接以肽的生物功能命名。

通常是根据肽的生物功能或来源等其他方式对其进行命名。

（四）氨基酸、肽、蛋白质的结构关系

氨基酸是蛋白质分子中最小的结构单位，肽则是氨基酸构成蛋白质的次一级结构形式。氨基酸排布、重复、整合形成肽，肽再进一步卷曲、折叠、重复构成蛋白质。

肽既可以看作是氨基酸的聚合物，也可以看作是蛋白质的不完全分解产物。

二 食源性低聚肽及其特性

食物蛋白质经生物酶解，获得的以肽为主要成分的水解产物，即食源性低聚肽，常被统称为食源肽。食源性低

聚肽含 2–9 个氨基酸残基，分子质量一般低于 1000 道尔顿，通常将食源性低聚肽定义为，以可食用蛋白质为原料，经过酶解、分离、纯化等一系列步骤制成的，分子质量小于 1000 道尔顿的蛋白质水解产物。

因为自然界中食物种类繁多，任何含有一定量蛋白质的食物，均可对其中的蛋白质进行提取分离，并作为生产制备食源性低聚肽的原料，所以食源性低聚肽的来源比较广泛，包括陆地动物与植物、海洋动物与植物等。

现在，已经工业化生产的食源性低聚肽已经有很多种，食源性低聚肽在营养功能食品领域已成为备受关注的食品原料之一，原因就在于食源性低聚肽与蛋白质、多肽、氨基酸相比，具有一些独到的特性。

（一）溶解性

食源性低聚肽易溶于水，并且水溶液为澄清状态，仍保持低聚肽本身的颜色与风味。还有一些低聚肽，如玉米低聚肽，具有很好的醇溶性。

良好的水溶性使得食源性低聚肽可以用于加工各类液体食品。

（二）酸稳定性

两性电解质所带电荷因溶液的 pH 不同而改变。当两性电解质正负电荷数值相等时，溶液的 pH 即称为该物质的等电点。

多数蛋白质的等电点是在酸性环境下。但将食源性低聚肽溶液的 pH 调低至 4.0 左右时，仍不会出现沉淀。

食源性低聚肽在酸性条件下的稳定性说明其适用于加工酸味饮品。

（三）热稳定性

加热会使蛋白质变性。而蛋白质变性后，其分子就从原来有序的卷曲的紧密结构变为无序的松散的伸展状结构，很容易引起分子间相互碰撞而聚集沉淀。但将食源性低聚肽溶液加热处理，不会出现沉淀现象。

食源性低聚肽的热稳定性说明食品加工过程中的热处理不会破坏其原有状态。

（四）等渗性

在配制营养制剂时，氨基酸能够增加溶液的渗透压，从而容易形成高渗现象，使用不当会引起高渗性腹泻。而低聚肽是氨基酸聚合物，对溶液渗透压的影响较小，有助于使营养制剂溶液维持等渗状态，从而避免营养制剂在特殊人群中使用时的不良影响。

（五）低致敏性

将蛋白质通过酶解处理制成低聚肽的形式，消除了其中绝大多数的致敏源。有报道称，将大豆肽制品内的不溶性组分除去后，用酶免疫测定法分析发现，大豆肽的抗原性降低至大豆蛋白质的 1/100~1/1000。

有研究资料显示，原料小麦蛋白质中致敏性肽段的含量为 82mg/g，经过酶解后，小麦低聚肽产品中的致敏性肽段含量仅为 0.26mg/g，消除了 99% 以上的致敏蛋白质。

（六）易吸收性

食源性低聚肽是预消化的蛋白质，达到了不需消化或稍加消化就可以吸收的程度。众多研究证实，低聚肽的吸收效率明显高于整蛋白质、多肽和游离氨基酸。对于消化功能下降的人群更为适宜。同时，一些食源性低聚肽具有特定的氨基酸组成，使得其在营养效果表达方面，也具有一定的靶向性，如玉米低聚肽中支链氨基酸含量丰富，对肝组织细胞的营养改善效果突出；小麦低聚肽中谷氨酰胺含量丰富，表现出对胃肠道黏膜的营养作用更明显。因此，食源性低聚肽的开发，为研发高品质的特殊营养食品，提供了重要的技术支撑。

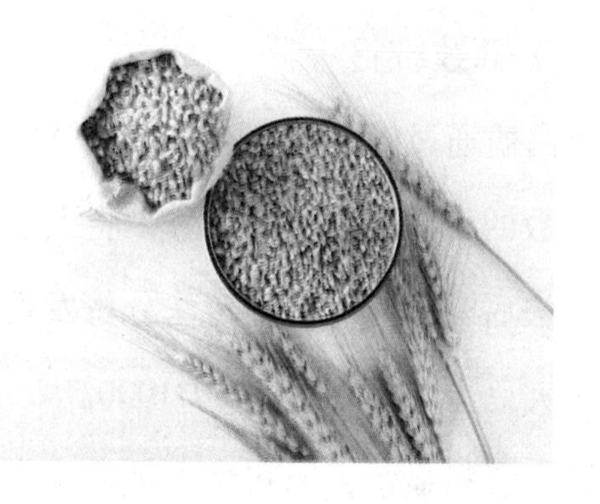

（七）多种生理调节功能

研究发现，食源性低聚肽具有多种生理调节功能，包括增强免疫力、抗氧化、缓解体力疲劳、辅助调节血压、辅助调节血糖、辅助调节血脂等。有些功能如增强免疫力、抗氧化等，几乎是所有食源性低聚肽的共性作用。但由于不同来源的食源性低聚肽具有特定的氨基酸组成和含有某些优质肽段，在功能表达方面又比较突出，如玉米低聚肽保护肝脏的作用；胶原低聚肽的促进皮肤伤口与骨伤愈合的作用等等。

食源性低聚肽的生理功能一方面与其营养作用密不可分，另一方面也可能与某些特定肽段的特定功能息息相关。

人体日常摄入的蛋白质，多是具有高度种属特异性的大分子。过去的理论一直认为，蛋白质必须在胃肠道，通过蛋白酶的作用分解成氨基酸，才能被吸收进入血液，进而被转运至机体的各个组织，参与代谢和发挥营养作用。

现代研究发现，食物蛋白质经过胃内消化，再在小肠内经过内肽酶和外肽酶的消化，同时生成氨基酸和含有2~6个氨基酸的低聚肽；蛋白质的消化产物，除以游离氨基酸的形式吸收之外，还有一部分是以低聚肽（主要是二肽、三肽等小肽）的形式，通过肠腔和肠细胞中大量存在的肽酶，完整转运和直接吸收。与整蛋白、多肽、氨基酸相比，食源性低聚肽在食品加工特性、消化吸收性，以及生理调节功能等方面，更具有优势。因此，食源性低聚肽的工业化，不仅能够使食物蛋白质得到更大程度的利用，也能对人体产生更好的营养保健效果。

食源性低聚肽的吸收机制

蛋白质的消化

随着蛋白质消化吸收以及代谢规律的深入研究，对蛋白质的消化吸收理论，逐渐有了新的认知。即蛋白质的最终消化产物不仅仅是氨基酸，另外还有部分小肽。小肽在小肠黏膜刷状缘，经肽转运载体转运，被吸收进入血液循环；此外，有部分肽能够不依赖肽转运载体，直接穿透生物膜进入细胞，称之为细胞穿透肽；甚至还有研究发现，部分肽可以穿透血脑屏障。

（一）消化过程

1. 蛋白质的体外消化

为了更好地探究蛋白质的消化吸收机制，以及低聚肽的生产方式，研究者们进行了大量的体外消化实验。通过体外酶解工艺，可以生产制备具有各种生理功能的活性肽。常用的蛋白质原料有大豆蛋白、玉米蛋白、酪蛋白、乳清蛋白、鱼蛋白、小麦蛋白等。

2. 蛋白质的体内消化

蛋白质在被摄入体内后就开始了被消化的过程。蛋白质在口腔以及食道不能被消化，当食物中的蛋白质进入胃以后，在胃液的作用下进行初步消化。

胃蛋白酶是胃中唯一的蛋白质消化酶，由胃蛋白酶原被胃酸激活而来，最适 pH 在 2.0 左右，具有广泛的位点特异性。胃蛋白酶的主要酶切位点为苯丙氨酸或酪氨酸，以及其他疏水性氨基酸之后的肽键。在胃液和胃蛋白酶的作用下，10%~20% 的蛋白质被消化成蛋白胨、多肽和少量的氨基酸。

食物在胃中停留时间短，蛋白质在胃内消化很不完全，消化产物及未被消化的蛋白质在小肠内、胰液和小肠黏膜细胞分泌的多种蛋白酶及肽酶的共同作用下，进一步被消化。小肠的结构极其复杂，蛋白酶种类也相对较多，包括胰蛋白酶、糜蛋白酶、凝乳酶、肠激酶等；在小肠黏膜上皮细胞刷状缘及细胞液中，还存在一些寡肽酶，如氨基肽酶以及各种二肽酶等。在消化液和酶的作用下，蛋白质逐步被分解为多肽、三肽、二肽和氨基酸。因此，小肠是蛋白质消化的主要部位，低聚肽的水解主要在小肠黏膜上皮细胞内进行。

（二）低聚肽吸收的影响因素及促进方法

食源性低聚肽具有多种生理调节功能，以低聚肽的形式直接吸收将更有助于增强功能效果。低聚肽在胃肠道内，还存在被进一步消化的可能。所以减少不利于低聚肽吸收的影响因素，提高吸收率，也是提升低聚肽营养健康作用的重要环节。尤其是对机体某方面功能或特定疾病状况，有显著改善作用的肽。

蛋白质的消化和吸收是一个复杂的过程。虽然像二肽、三肽这样的小肽，可以被直接吸收，但其吸收过程也受多种因素影响，其影响因素如下。

1. 蛋白质的品质

由于各种蛋白酶都具有专一性，不同蛋白质的氨基酸组成也有差异，因此，蛋白质经消化后，产生的肽的种类和数量也不同。氨基酸平衡的蛋白质，易产生数量较多的低聚肽，而氨基酸不平衡的蛋白质，则会产生较多的游离氨基酸和少量分子质量较大的肽段。

2. 肽链的长度

二肽、三肽的吸收相对较快，而四肽及以上的低聚肽的吸收仍存在争议。

3. 构成肽的氨基酸种类

研究发现，谷氨酰－赖氨酸二肽的吸收速度明显高于谷氨酰－甲硫氨酸二肽。另外，肽链中氨基酸残基的排列顺序也影响肽的吸收。

4. 小肽载体对肽的吸收也有一定影响。

食源性低聚肽的功能研究

食源性低聚肽进入大众视野，只是近二十年的事情，而从肽的发现、研究到开发和使用也才百余年时间。

随着研究的进行，许多企业也相继加入到这个行业中。除了理论研究外，企业将肽特别是食源性低聚肽，作为工业产品，进行了很多产业化的运作，使得食源性低聚肽逐渐成为食品工业的一类配料。

食源性低聚肽本身所具有营养性和功能性两种性质，

越来越被广泛地应用于各类食品中，也逐步被大众接受。由于市场的正向反馈，企业及科研机构对于食源性低聚肽研究的投入逐渐增大，食源性低聚肽的研究，也随着市场接受度的不断提升，而一步步深入。

由于食源性低聚肽来源于食物蛋白质，所以关于食源性低聚肽的最初研究，便是与蛋白质或者氨基酸单体的比较性研究。相较于整蛋白，肽更易于消化；而相较于氨基酸，小分子肽具有特有的吸收通道和机制，吸收速度更快，且具有一些更显著的生理功能。

利用食物蛋白质研究开发低聚肽，如动物源（包括海洋鱼类、贝类，哺乳动物的皮、骨、肉、乳以及禽类的蛋等）和植物源（包括豆类、谷物类及坚果类等）的低聚肽。基于低聚肽的来源不同，其氨基酸组成、肽段特点、结构

等均有差异。这些差异使得不同的低聚肽具有不同的生理功能。针对食源性低聚肽的功能研究，主要集中在降血压、降血脂、抗氧化、免疫调节、促进矿物质元素吸收、缓解体力疲劳、保护肝脏等功能及其机制方面。

对于食源性低聚肽的降血压功能，其机制较为明确。主要是低聚肽具有血管紧张素转化酶抑制剂的作用。目前，多种原料来源的低聚肽中，都发现了具有血管紧张素转化酶抑制作用的相应片段。

Chabance 等发现，酪蛋白水解产物中的某些低聚肽，具有降低血清胆固醇的作用；同时 Hori 等在临床实验中也发现，与磷脂结合的大豆蛋白水解物，具有降低血清胆固醇的效果；Ojima 等研究发现，精氨酰－甘氨酰－天门冬氨酸（RGD）三肽，具有抑制血小板聚集的作用。提示该三肽具有开发抗血栓药物的潜力。

很多肽具有抗氧化活性。原因在于其含有还原性的末端或氨基酸残基（亮氨酰），具有给抗氧化酶供氢的能力，能调节生理环境的 pH，并能广泛结合金属离子以避免其催化氧化反应。在对食源性低聚肽抗氧化功能的研究方面，谷胱甘肽就是一个非常成功的例子。作为一种具有很强抗氧化活性的三肽，谷胱甘肽能够增强机体免疫功能，清除体内自由基，有助于延缓衰老、预防疾病。谷胱甘肽可广泛地从食源性蛋白质原料，特别是谷物蛋白中获取。

一些研究发现，特定的食源性低聚肽，具有很强的抗菌及免疫调节功能。例如，乳铁蛋白结构中的特定片段，具有特异性结合微生物细胞膜中铁离子的能力。由此可使微生物细胞膜破裂，从而起到抗菌作用。谷氨酰胺是人体血浆和组织中含量最丰富的游离氨基酸，是体内一些组织细胞，如淋巴细胞、巨噬细胞、肠细胞、肾小管细胞等快速增殖分化所需的能量来源。也是合成核苷酸、谷胱甘肽等物质的原料和修复受损伤组织所必需的营养物质。以小麦蛋白为原料制备的小麦低聚肽含有丰富的谷氨酰胺肽，比游离的谷氨酰胺更稳定，更有利于发挥谷氨酰胺修复胃肠黏膜、改善肠道免疫的效果。

具有特定结构的食源性低聚肽可以结合矿物质元素，促进其吸收，其中较有代表性且已被广泛应用的是酪蛋白磷酸肽。

酪蛋白磷酸肽是以酪蛋白为原料，经酶解工艺制备而得，其核心片段是由多个丝氨酸残基和磷酸基团形成的肽片段。这类片段，在肠道环境下带负电，不易被消化，可以结合并递送钙离子、亚铁离子等至小肠吸收。同时防止其出现沉淀而对吸收产生不利影响。除此之外，利用牡蛎蛋白制备的牡蛎肽，可结合锌离子，提高锌的吸收率。以及利用乌鸡肉为原料生产的乌鸡肽，可以和亚铁离子结合形成特异性结合物，也都有相关的研究报道。

对食源性低聚肽功能研究的另一个重点，是其对组织器官的保护作用。玉米低聚肽能显著降低四氯化碳引起的小鼠急性肝损伤，促进肝功能的恢复；玉米低聚肽能促进肝细胞增殖，上调乙醇所导致的抗凋亡蛋白 Bcl-2 的表达，下调促凋亡蛋白 Bax 的表达，减轻肝细胞氯化应激，降低凋亡蛋白 Caspase-3 的活性。以谷朊粉为原料制备的小麦低聚肽对胃肠黏膜组织的修复作用也得到研究证实。

本书主要介绍市场常见的食源性低聚肽的一般知识

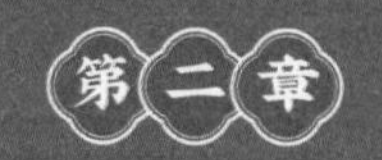

海洋鱼皮胶原低聚肽的生理功能

随着生命科学和食品加工技术的发展，人类对海洋生物资源的利用也大幅度提升。一般只有鱼肉部分被选取以供人类食用，而鱼皮、鱼骨等，由于食品加工技术的落后，常被作为下脚料处理，最常见的是用作动物饲料。

海洋鱼皮中的蛋白质含量丰富，且以胶原蛋白为主。胶原蛋白是结缔组织极其重要的结构蛋白，也是细胞间质最重要的功能蛋白。近年来，国际上胶原蛋白及其活性肽已广泛应用于生物、医疗、食品、化妆品、饲料、皮革、影像等诸多领域。它们主要来源于畜禽动物组织。

为了适应高压、低温、高盐等极端环境，海洋生物蛋白质的氨基酸组成及序列，都与陆地生物蛋白质不同。其种类和数量也远大于陆地生物蛋白质。海洋生物的多样性及所含化合物的特异性，为胶原蛋白肽的开发利用提供了机遇。海洋鱼皮胶原低聚肽的开发利用，已成为世界各沿海国家海洋开发的一项重要内容。

海洋胶原蛋白存在于海洋动物的结缔组织中，对机体和脏器起着支持、保护、结合、界隔等作用，其含量与种类、部位、年龄、季节、营养状况等有关。有些鱼皮胶原蛋白含量可达80%以上。

由于海洋生态环境的特殊性，其在氨基酸组成和序列上与陆生动物胶原蛋白均有较大差异，并且具有独特的生理功能和物化特性；较低的热变性温度增加了其分离提取难度；含有大多数陆生动物胶原蛋白所没有的第3条α链，使更多的活性中心暴露，从而拥有多种生物活性，极易溶于中性盐溶液或稀酸，较易调制成可溶性溶液等。

海洋鱼皮胶原低聚肽的需求量正逐年增长，其应用范围也日趋广泛。海洋鱼皮胶原低聚肽属于预消化的蛋白质，不仅有蛋白质的营养特性，而且也具有一定的生理活性，如抗氧化、增强皮肤弹性、促进伤口愈合、改善骨关节状况、免疫调节等。

随着海洋鱼皮胶原低聚肽推向市场，相关的产品标准也陆续制定和出台。我国于2007年10月由国家发展和改革委员会发布了轻工行业标准《海洋鱼低聚肽粉》（QB/T2879-2007），2008年12月国家质量监督检验检疫总局和国家标准化管理委员会又发布了国家标准《海洋鱼低聚肽粉》(GB/T22729-2008)。2018年6月，国家卫生健康委员会和国家市场监督管理总局发布的《食品安全国家标准胶原蛋白肽》(GB31645-2018)中规定：胶原蛋白肽是以富含胶原蛋白的新鲜动物组织（包括皮、骨、筋、腱、鳞等）为原料，经过提取、水解、精制生产的，分子质量低于10000道尔顿的产品。

根据国家标准《海洋鱼低聚肽粉》(GB/T 22729-2008)，海洋鱼低聚肽粉包括海洋鱼皮胶原低聚肽粉、海洋鱼骨胶原低聚肽粉、海洋鱼肉低聚肽粉等三类肽物质。海洋鱼皮胶原低聚肽是指以海洋鱼皮为原料生产的低聚肽；海洋鱼骨胶原低聚肽是指以海洋鱼骨为原料生产的低聚肽；海洋鱼肉低聚肽是指以海洋鱼肉为原料生产的低聚肽。

海洋鱼骨胶原低聚肽和海洋鱼肉低聚肽生产量比较小，所以对这两种低聚肽的研究也比较少。海洋鱼骨胶原低聚肽，仅发现其具有预防和改善骨质疏松作用的研究，海洋鱼肉低聚肽的研究也仅限于增强免疫力方面。

海洋鱼皮胶原低聚肽是以深海鱼类的皮为原料，采用生物酶解技术生产得到的小分子蛋白质类物质。主要由2-6个氨基酸组成，平均分子质量小于1000道尔顿。具有黏度低、水溶性好、吸收快等特点。

研究发现，海洋鱼皮胶原低聚肽，具有多种生理调节功能，如抗氧化、辅助降血压、降血糖、降血脂、免疫调节、抗皮肤老化、祛除黄褐斑、促进伤口愈合等。

抗皮肤老化功能

人体皮肤与外界环境直接接触，在机体衰老过程中最易显现。皮肤老化是内源性和外源性因素共同作用的结果，主要表现为皮肤干燥、粗糙、皱纹、灰暗、弹性下降，甚至出现皮肤萎缩、皱裂和老年斑等。

胶原蛋白是皮肤中的主要结构蛋白质，约占皮肤干重的70%，对皮肤正常功能的维持起着重要作用。皮肤胶原蛋白主要为Ⅰ型胶原蛋白，此外还含少量的Ⅲ型或其他类型胶原蛋白。

正常情况下，胶原蛋白在皮肤中构成了一张细密的弹力网，能锁住水分，如支架般支撑着皮肤。随年龄增长，人体胶原蛋白含量会逐渐流失，导致支撑皮肤的弹力网断裂，皮肤组织萎缩、塌陷，肌肤就会显现干燥、松弛、皱纹、毛孔粗大、暗淡、色斑等衰老现象。

皮肤衰老不仅有损于容貌，并且与多种皮肤病如日光性皮炎、基底细胞癌等的发病也有着密切的联系。如何预防和延缓皮肤衰老，已经成为美容行业及生命科学研究的热点之一。

深海鱼的鱼皮中蛋白质含量很高，其中主要是胶原蛋白，且鱼皮中的胶原蛋白主要为I型胶原蛋白，与人体皮肤胶原蛋白的氨基酸组成极为接近。将鱼皮胶原蛋白生物酶解后所得的低聚肽粉与人体皮肤亲和性好，表现出比较好的营养修复、祛皱抗衰老功效。

海洋鱼皮胶原低聚肽的抗皮肤老化作用，已得到多个研究的证实。

实验研究证明，海洋鱼皮胶原低聚肽可以提高抗氧化酶活力，减少脂质过氧化物的产生，减轻对成纤维细胞和胶原蛋白的损害，使胶原蛋白合成增多，减轻胶原蛋白的过度交联，从而延缓皮肤衰老的进程。

皮肤角质层含水量也对皮肤生理功能有重要的调节作用，而皮肤老化常表现为角质层水分减少。研究发现，将海洋鱼皮胶原低聚肽和透明质酸复配，给年龄在 30–50 岁、皮肤水分≤ 12% 的女性连续食用 30 天，对改善女性皮肤水分有显著作用，且对身体健康没有不良影响。

基于海洋鱼皮胶原低聚肽的皮肤健康作用，近些年来以其为主要配料生产的美容食品在市场上占有相当大的比重。

二 抗氧化功能

自由基及其诱导的氧化反应，与人类的许多疾病如癌症、动脉粥样硬化等有关，并可加速人体衰老。外源性抗氧化剂有助于降低体内自由基水平，防止脂质过氧化，延缓人体衰老和预防疾病。

近年来，天然抗氧化活性肽，因其具有较强的抗氧化活性和很高的安全性，而备受科研工作者的关注，已成为国内外的研究重点。

天然抗氧化肽分子质量相对较低，易于被人体消化吸收，在体内可通过减少羟自由基和超氧阴离子自由基、抑制脂质过氧化以及螯合金属离子等达到抗衰老的效果。

研究证实，海洋鱼皮胶原低聚肽的抗氧化能力，可清除羟自由基和超氧阴离子自由基。在人体内，海洋鱼皮胶原低聚肽对血清超氧化物歧化酶、谷胱甘肽过氧化物酶的活性，都有一定程度的提升。还有助于改善疲劳、烦躁、睡眠不佳等状况。

高血压是引发心肌梗死、中风、冠心病等心血管疾病的重要危险因素，有效地预防和控制高血压的发生，对降低心脑血管疾病的发病率、提高公众的生存质量具有重要的意义。

在血压调节系统中，血管紧张素转化酶起着重要的作用。目前常见降血压药物的作用机制，主要是抑制血管紧张素转化酶的活性。然而，人工合成的血管紧张素转化酶抑制剂，在临床应用过程中往往会产生副作用，不适合长期服用。因此，寻找天然、安全的食物来源的血管紧张素转化酶抑制剂，用以预防和治疗高血压，受到广大科学工作者的极大关注。

目前，关于海洋鱼皮胶原低聚肽血管紧张素转化酶抑制作用的研究报道很多。

研究证实，将海洋鱼皮胶原低聚肽用于高血压患者，对舒张压和平均动脉压水平的改善，效果均非常显著；其作用机制应与其中具有血管紧张素转化酶抑制活性的肽段有关，也可能是通过改善血管壁弹性，降低血管外周阻力的方式发挥了其降低血压的作用。

体外研究和人体试验，均支持海洋鱼皮胶原低聚肽的降血压作用，这为通过食源性功能物质，预防和控制高血压，提供了可行的途径。

改善营养免疫与促进伤口愈合功能

住院患者营养不良的发生率为30%~50%，恶性肿瘤患者营养不良的发生率更是高达50%~90%。营养不良可使术后患者的伤口愈合缓慢、免疫功能受损、肠黏膜屏障功能受损、抗感染能力下降等。

研究证实，营养不良的术后患者并发症的发生率，是营养良好患者的20倍。因此，为术后患者提供一种吸收利用率高、具有营养及免疫功能的食物，给予术后患者合理的营养支持，对伤口愈合及身体康复具有重要的意义。

临床研究证实，海洋鱼皮胶原低聚肽，可使术后患者的前白蛋白（PA)、淋巴细胞（LYM)、免疫球蛋白G、免疫球蛋白A、免疫球蛋白M等明显升高，并显著缩短手术后患者的平均住院时间。

海洋鱼皮胶原低聚肽能够刺激成纤维细胞增殖和分化，促进胶原蛋白的合成，还表现出具有促进伤口愈合的作用。给接受剖宫产手术的大鼠饲喂海洋鱼皮胶原低聚肽，能够增加皮肤和子宫伤口组织的抗拉强度，明显改善伤口愈合质量，伤口组织中羟脯氨酸的含量也明显增加。实验提示，海洋鱼皮胶原低聚肽也可用于剖腹产人群的蛋白质营养补充，以利于产后恢复。

其他生理功能

除上述几个方面的功能以外，海洋鱼皮胶原低聚肽在降低血脂和胆固醇、改善老年人记忆力、改善骨质疏松等方面也有一定效果。

（一）降低血脂和胆固醇

血清胆固醇尤其是低密度脂蛋白胆固醇升高是动脉粥样硬化发生、发展的必要条件，降低血清中低密度脂蛋白胆固醇水平对于动脉粥样硬化和心血管疾病的预防具有重要意义。

实验证明，海洋鱼皮胶原低聚肽可使人体血清胆固醇、甘油三酯水平显著降低。血清胆固醇的变化主要表现为低密度脂蛋白胆固醇水平的下降，从而使动脉粥样硬化指数下降；虽然对高密度脂蛋白胆固醇的水平没有明显影响，但抗动脉粥样硬化指数得到显著提升。与此同时，血清抗氧化酶超氧化物歧化酶活力明显升高。此外，一些研究也证实，海洋鱼皮胶原低聚肽的降胆固醇作用。研究提示，海洋鱼皮胶原低聚肽对高脂血症的形成和动脉粥样硬化的发生，具有一定的预防作用。

（二）改善学习记忆能力

实验证明，海洋鱼皮胶原低聚肽能显著提高老年鼠的空间学习记忆能力和被动回避能力。这可能与海洋鱼皮胶原低聚肽的抗氧化活性和促进海马组织中，脑源性神经营养因子的表达有关。

（三）改善骨质疏松

人体骨骼中含有大量的胶原蛋白，并且也是以I型胶原蛋白为主。海洋鱼皮胶原低聚肽同样适合作为骨骼胶原蛋白合成的原料。对海洋鱼皮胶原低聚肽增加骨密度功能的研究表明，经口连续30天，每天给予发育期的断乳大鼠不同剂量的海洋鱼皮胶原低聚肽，能够促进雄性大鼠股骨的长度、直径发育，增加骨量和骨密度。海洋鱼皮胶原低聚肽还有利于促进矿物质元素钙的吸收。

海洋鱼类为人类提供了丰富的蛋白质资源，许多研究已经证实了海洋鱼皮胶原低聚肽的生理活性。随着研究的进一步深入，对海洋鱼皮胶原低聚肽生理功能的认识会更加系统、全面，作用机制也会越来越清晰，这将为海洋鱼皮胶原低聚肽的应用提供更多的理论基础。

DISANZHANG

第三章

牡蛎低聚肽的生理功能

牡蛎属于软体动物门瓣鳃纲异柱目牡蛎科，是世界第一大养殖贝类，也是我国四大养殖贝类之一。牡蛎包括壳、肉两个部分，两部分都具有药用价值。在中医药中，牡蛎壳被列为平肝息风药，性微寒；味咸；归肝、胆、肾经，能够平肝潜阳，软坚散结，收敛固涩；用于惊悸失眠，眩晕耳鸣，瘰疬痰核，症瘕痞块。

牡蛎壳也被我国原卫生部批准列入“既是食品又是药品的物品名单”。

牡蛎肉在古代被称为“蛎黄”，也可药用。《本草纲目》中记载：南海人以其蛎房砌墙，烧灰粉壁，食其肉谓之蛎黄；牡蛎肉甘、温、无毒。煮食，治虚损，调中，解丹毒、妇人血气。以姜、醋生食，治丹毒、酒后烦热，止渴。炙食甚美，令人细肌。本章所说的牡蛎就是指牡蛎肉，

牡蛎肉一直被人们视为美味海珍和健美强身食物。现代科学研究证实，牡蛎肉中含有丰富的营养物质，如蛋白

质、糖原、多种维生素以及锌、硒、铁、铜、碘等微量元素，另外还含有丰富的牛磺酸，是一种营养价值极高的海产软体类动物。

食品工业制备牡蛎低聚肽，是以干牡蛎或鲜牡蛎为原料，经酶解、分离、脱色、脱腥、精制和干燥等加工过程，最后获得分子质量主要在200~800道尔顿的小分子低聚肽，基本由2~6个氨基酸残疾组成，达到了几乎不需要消化或稍加消化即可吸收的程度。

牡蛎肉精深加工主要是采用现代酶解技术、发酵技术、超微粉碎技术等。鲜牡蛎肉蛋白质含量因品种与产地有一定差异，一般在5%~11%。由于牡蛎养殖产量大，牡蛎蛋白在自然界中也十分丰富。

牡蛎低聚肽是以牡蛎肉为原料提取制备的小分子蛋白类物质。由于生物酶解方法具有条件比较温和、过程容易控制等优点，已成为食源性低聚肽最主要的生产方法，制备牡蛎低聚肽主要是采用此方法。

牡蛎含有丰富的蛋白质、一定量的维生素、矿物质和牛磺酸等营养物质，研究证实，以牡蛎为原料加工制备成的牡蛎低聚肽，在抗氧化、降血压、提高人体免疫力、改善高血糖症状、抗癌和防止癌细胞扩散等方面有一定的功效。

一 抗氧化功能

研究人员利用酸性蛋白酶、碱性蛋白酶、木瓜蛋白酶酶解制备的牡蛎低聚肽，对 DPPH 自由基、羟基自由基、超氧阴离子自由基 3 种自由基都具有明显的清除作用；还能有效缓解偶氮二异丁脒盐诱导的 HepG2 细胞氧化应激损伤，抑制细胞内活性氧的生成能力。

低聚肽的抗氧化活性与其氨基酸组成有一定的相关性，牡蛎低聚肽富含天冬氨酸、谷氨酸、半胱氨酸、亮氨酸、赖氨酸、精氨酸，是牡蛎低聚肽发挥抗氧化作用的物质基础。

改善生殖功能

男性的雄激素主要由睾丸间质细胞分泌，而睾酮作为最主要的雄激素，可以通过剂量依赖的方式促进精子的产生，并改善肌肉质量和增强体力，在维持男性健康方面发挥着重要作用。

牡蛎低聚肽中含有丰富的含精氨酸残基的小分子肽类物质，还含有大量的微量元素锌以及牛磺酸等，使其在改善生殖功能方面具有良好的利用价值。

牡蛎低聚肽改善性功能和生殖功能的作用还与其中的精氨酸和微量元素锌有关。在精子成熟之前，大量的锌进入精子内。锌不仅对精子生成是必要的，而且对于维持精原上皮细胞的功能也是必要的。

精氨酸可以合成信号分子一氧化氮以及参与某些多胺类物质的合成，而一氧化氮和多胺对于男性勃起功能和精子生成至关重要；补充精氨酸或裹含精氨酸的小分子肽可以提高男性的性功能。

提高免疫力功能

免疫活性肽对动物体内的免疫调节起着重要作用，它能刺激机体淋巴细胞的增殖，增强免疫器官的免疫应答能力及巨噬细胞的吞噬能力，有助于降低肿瘤的发生率。胸腺和脾脏是动物体内主要的免疫器官，其中胸腺是T淋巴细胞分化发育的主要场所，脾脏则主要负责免疫应答，因此它们的结构和功能是否正常对机体的免疫功能至关重要。胸腺和脾脏指数能够反映免疫器官的发育和免疫细胞的功能状况，可以直观体现机体非特异性免疫功能状态。

研究表明，牡蛎低聚肽可以提高受损小鼠的胸腺指数和脾脏指数。

四 降血压功能

高血压因高发病率、高并发症、高致残率严重地影响了人体的健康。许多研究结果表明，通过抑制血管紧张素转化酶的活力可以有效地降低原发性高血压。

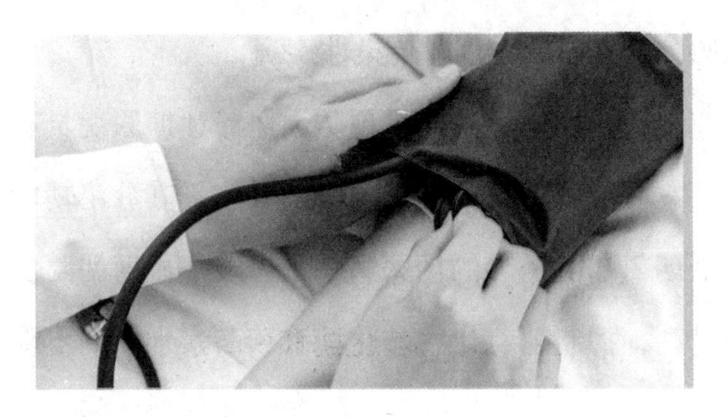

用碱性蛋白酶水解牡蛎蛋白制备牡蛎低聚肽，其对血管紧张素转化酶活性的抑制率为36.17%。先后以复合蛋白酶和碱性蛋白酶对牡蛎进行分步酶解，获得分子质量<3000道尔顿的牡蛎酶解液，其血管紧张素转化酶抑制活性的半抑制浓度为0.8mg/m。从牡蛎纹状肌肉中分离出氨基酸序列的短肽，对血管紧张素转化酶具有较强的抑制作用。

五 其他功能

无论在发达国家还是发展中国家，糖尿病均成为一种严重威胁公众健康的慢性非传染性疾病。

研究表明，牡蛎低聚肽对预防高血糖和糖尿病具有积极意义，它能够促进胰岛组织的修复并恢复其分泌功能，显著降低四氧嘧啶诱导的糖尿病小鼠血液中血糖和丙二醛含量的升高，抑制超氧化物歧化酶和胰岛素水平的下降，从而发挥降低血糖的作用，而且，牡蛎低聚肽对正常小鼠的血糖没有影响，也不会影响正常的糖代谢过程。

从海洋生物的天然活性物质中寻找抗肿瘤物质，也是近些年来的研究热点之一。尤其是从海洋生物蛋白的水解物中发现的结构组成特殊，具有低毒、高效抗肿瘤活性的肽类物质备受关注。

越来越多的研究证实，牡蛎低聚肽表现出一定的抗肿瘤效果，它能抑制人胃肠癌细胞（BGC–823)、子宫颈癌肿瘤细胞（Hela 细胞）、人结肠癌细胞（HT–29) 的增殖，使其不能进行正常的细胞分裂，分裂指数下降，细胞周期受到阻滞，导致肿瘤细胞出现凋亡。

玉米低聚肽的生理功能

玉米是世界上分布最广的农作物之一。玉米籽粒中的成分以淀粉为主，淀粉含量达70%以上。玉米的蛋白质含量一般在8%~9%，包括醇溶蛋白、谷蛋白、球蛋白和白蛋白四种蛋白质。醇溶蛋白和谷蛋白是玉米蛋白中的主要成分，也是玉米蛋白及其深加工产品营养功能特性的主要决定因素。

玉米蛋白中存在着多个功能片断，就氨基酸组成而言，玉米蛋白中异亮氨酸、亮氨酸、缬氨酸、丙氨酸、脯氨酸和谷氨酰胺等氨基酸含量很高，选择适当的蛋白酶进行水解，有可能将其释放出来，从而制备多种具有不同生理功能的低聚肽。

利用玉米蛋白粉制备生物活性肽已成为一种新的研究和产业化方向。对玉米低聚肽的基础研究已经证实玉米低聚肽具有抗氧化、解酒保肝、缓解体力疲劳等多方面的生理功能。2010年10月21日，玉米低聚肽被批准为新资源食品（原国家卫生部公告 2010 年第 15 号）。2014 年 7 月 9 日，国家工业和信息化部发布轻工行业标准《玉米低聚肽粉》（QB/T4707–2014)，为玉米低聚肽的品质保障和市场应用提供了重要支持。

玉米低聚肽中富含短肽形式的各种支链氨基酸，且易于消化和吸收，这是玉米低聚肽的重要营养特点。支链氨基酸是一类重要的运动营养补充剂，这类氨基酸可加速肌肉合成；其中，支链氨基酸随血液循环进入大脑，减轻脑力疲劳程度。所以，玉米低聚肽适合用于运动营养食品和供肝病人群食用的特殊医学用途配方食品。

随着对玉米低聚肽研究的不断深入，玉米低聚肽的诸多功能也被发现和揭示，如促进体内酒精分解（醒酒）、保护肝脏、抗氧化、缓解体力疲劳、辅助降血压等。在这些功能中，玉米低聚肽以促进体内酒精分解、保护肝脏两项功能更为突出。

醒酒功能

酒类饮品是消费量非常大的一类食品，在亲朋聚会以及节日庆祝时常常必不可少。酒的主要化学成分是乙醇，乙醇在人体内氧化和排泄速度缓慢。饮酒后，乙醇透过肠黏膜上皮细胞而吸收进入循环系统，随血流进入肝脏，并在肝脏中代谢。乙醇的中间代谢产物－乙醛和未被分解的乙醇再通过血液循环系统到达其他组织器官。乙醇和乙醛对身体的多个组织器官都有损伤。如果一次饮入过量的酒类饮品，会引起头痛、晕眩、局部皮肤过敏、肠胃不适等症状，即为醉酒症状。

人体试验发现，受试者不吃玉米低聚肽时，饮酒 30 分钟后，其血液乙醇浓度达到最高峰（9.35mmol/L)，而在饮酒前 30 分钟前先食用 3g 和 5g 玉米肽，饮酒 30 分钟后血液乙醇浓度明显下降，分别为 3.7mmol/L 和 2.83mmol/L。选择 10 名健康男性志愿者分别摄入 5g 玉米肽、小麦肽、豌豆肽、丙氨酸或亮氨酸，然后按 0.5g/kg 体重的比例摄入乙醇，在摄入受试物后2小时的观察期内，摄入玉米肽后受试者的血液乙醇水平明显低于摄入其他受试物组和空白对照组。饮酒者食用玉米低聚肽，在血液乙醇浓度下降的同时，呼气中乙醇浓度也明显下降。尤其是亮氨酸，基本上是以小肽的形式存在，这应是玉米低聚肽发挥解酒作用的物质基础。

进入人体内的乙醇约90%在肝脏中代谢。乙醇代谢是一个释放能量的过程，存在着乙醇脱氢酶（ADH)系统和非乙醇脱氢酶系统。乙醇代谢生成的大量乙醛，如果没有及时地进一步代谢，在体内累积，会对身体的多个组织产生不良的刺激反应。再加上乙醇代谢产生大量的自由基，刺激神经系统，导致自律神经平衡失调，引起心跳加速，血液中水分与电解质平衡失调，出现醉酒症状。

增强肝组织中 ADH 或 ALDH（乙醛脱氢酶）的活力，提高抗氧化能力，是促进乙醇快速并彻底代谢、预防和改善饮酒后不适状况的关键。

近年来，玉米低聚肽对 ADH 和 ALDH 活力的影响也得到了一定的研究。试验中，玉米肽可激活 ADH 的活力，且具有良好的抑制自由基的能力。人体试验中发现玉米低聚肽能够促进健康男性志愿者饮酒后的乙醇代谢，但受试者血液中 ADH 和 ALDH 的活力未发现显著变化。

二 保护肝脏功能

玉米肽对乙醇以及其他多种有毒有害物质造成的肝损伤具有保护作用。

玉米低聚肽的护肝功能，目前认为与其具有较强的抗氧化能力有关。玉米低聚肽的体外抗氧化活性评价实验表明，在一定浓度下，玉米低聚肽具有很强的自由基清除能力，对于化学性肝损伤，玉米低聚肽中具有抗氧化作用的有效成分通过调节肝脏代谢、减少肝细胞内氧化应激等途径，对肝脏起到保护作用。

抗氧化功能

抗氧化作用是玉米低聚肽保护肝脏功能的机制之一。当人体衰老、疲劳、过多地摄入热量、高脂肪饮食或受到环境毒物等因素影响，身体产生的自由基超过人体本身的清除能力时，就会发生氧化损伤，对人体细胞膜、质、蛋白质和DNA可能产生有害影响，进而引发多种疾病，如心血管疾病、糖尿病、癌症、类风湿性关节炎和神经系统疾病。

玉米低聚肽的抗氧化活性与其氨基酸组成特点有一定的相关性。从玉米低聚肽的氨基酸组成看，玉米低聚肽富含具有抗氧化作用的氨基酸，其中以亮氨酸、脯氨酸、丙氨酸的含量最高。

降血压功能

人体血压的生理调节极为复杂，在众多的神经体液调节机制中，交感神经系统、肾素－血管紧张素－醛固酮系统及内皮素系统起着重要作用，抗高血压药物往往通过影响这些系统而发挥降血压效应。目前，以血管紧张素转化酶抑制剂（ACE）为研究热点。

玉米低聚肽分子量小，疏水性氨基酸含量达到 40%，脯氨酸含量也在 10% 左右。这些特点提示玉米低聚肽含有丰富的 ACEIP（降压肽），是其发挥降血压作用的物质基础。玉米低聚肽中的 ACE 抑制肽安全性高、种类繁多、降血压作用优、毒副作用小、原料易得，可作为新的功能食品配料。

其他生理功能

（一）抗疲劳功能

大强度运动时，体内蛋白质合成受到抑制，肌肉蛋白质降解、氨基酸氧化及葡萄糖异生作用增强，导致机体蛋白质消耗增加。所以，在运动时需要及时补充氨基酸，以免造成肌肉蛋白质的负平衡而增加疲劳感。由于玉米低聚肽容易消化吸收，可快速利用，有助于抑制或缩短体内负氮平衡的发生；同时，玉米低聚肽富含支链氨基酸，具有促进肌肉蛋白质合成和抑制肌肉分解的作用，而且在必要情况下还可以直接向肌肉提供能量，具有良好的抗疲劳功效。

（二）降血脂功能

高脂血症也称高脂蛋白血症。通常是指空腹血清胆固醇、甘油三酯含量高于正常和（或）血清中高密度脂蛋白胆固醇含量低于正常。脂质代谢异常，特别是血清胆固醇水平升高是心脑血管疾病的易患因素。

研究报道，玉米低聚肽可降低胆固醇的溶解度，抑制3-羟基-3-甲基戊二酸单酰辅酶A(HMG-CoA)还原酶的活力。玉米低聚肽的降血脂效果在体内研究中得到证实。中年受试者食用玉米低聚肽后，血清总胆固醇、甘油三酯、低密度脂蛋白胆固醇含量和脂质过氧化物MDA水平明显降低，高密度脂蛋白胆固醇含量显著升高。

玉米低聚肽具有抑制胆固醇胶束溶解的活性和抑制HMG-CoA还原酶的活性，一方面抑制胆固醇的合成，另一方面对于已经存在的胆固醇，降低其体内溶解度，从而抑制其吸收，促进其排出体外。同时，关于玉米低聚肽抗氧化效果的研究也证实玉米低聚肽具有一定的清除体内自由基活性和抑制脂质自氧化活性。

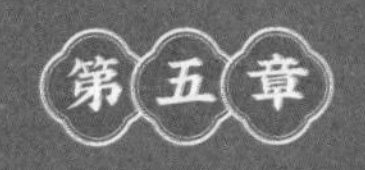

小麦低聚肽的生理功能

小麦是世界第一大口粮作物，全球有 35%~40% 的人口以小麦为主要粮食。我国是小麦生产大国，从小麦中提取生物活性肽具有丰富的原料资源。小麦蛋白是小麦淀粉生产过程中所得副产品的主要成分，其蛋白质含量在 70% 以上。小麦蛋白粉又称小麦谷朊粉。

小麦低聚肽的氨基酸构成几乎与小麦蛋白一样，其中谷氨酸的含量最高，大部分以谷氨酰胺的形式存在。谷氨酰胺为人体内含量最丰富的氨基酸，在人体中发挥重要的功效，如谷氨酰胺作为功能营养因子对肠道屏障功能有显著的保护作用等，在营养保健领域具有广泛的应用。

小麦低聚肽来源于小麦蛋白，成本低，加工性能好，是一种优良的蛋白质营养配料，具有极大的市场开发利用价值。2012 年 9 月 5 日，国家卫生部发布公告批准小麦低聚肽为新资源食品（卫生部公告 2012 年第 16 号）。2018 年 10 月，国家工业和信息化部发布轻工行业标准《小麦低聚肽粉》（QB/T 5298–2018）。

外源性肽类物质不仅是生命活动中氨基酸的供体，还发挥着很多非营养学功能。

小麦蛋白酶水解后，其活性肽段被释放出来，显示出多种生理活性，如保护胃肠黏膜、抗氧化、免疫调节、降血压、缓解运动疲劳、阿片样活性等。

一 保护胃肠黏膜功能

与其他蛋白质来源的低聚肽相比，小麦低聚肽在氨基酸组成方面一个很显著的特点是谷氨酰胺含量高，采用生物酶解技术能够制备出富含谷氨酰胺短肽的蛋白质产物。谷氨酰短肽稳定性好、水溶性好、致敏程度低，是为机体提供谷氨酰胺的良好来源。研究也证实，小麦低聚肽可促进胃表面上皮细胞的生长，使胃肠黏膜细胞排列更为整齐，细胞间隙更为紧密，上皮细胞形态饱满，表现出保护胃肠黏膜的作用。

抗氧化功能

体外试验方法研究发现，小麦低聚肽的抗氧化能力接近于亚油酸乳液体系中的 α－生育酚，且具有清除 DPPH 自由基、超氧阴离子自由基和羟基自由基的活性，另外还表现出还原能力和亚铁离子螯合活性。这一研究也从细胞水平上揭示了小麦低聚肽对肝脏氧化损伤具有预防保护作用

小麦低聚肽的抗氧化作用与其分子质量大小密切相关，分子质量介于307–1450道尔顿的组分抗氧化活性最强。

免疫调节功能

免疫活性肽能够刺激机体淋巴细胞增殖，增强巨噬细

胞吞噬能力，增强机体抵御外界病原体感染的能力，提高机体免疫力，降低发病概率。小麦低聚肽中富含 Gln（谷氨酰胺），可作为细胞分裂增殖的主要能量来源，对淋巴细胞增殖具有促进作用，并能提高自然杀伤细胞颗粒酶（NK 酶）活力。

降血压功能

近年来，学术界对降压肽的研究较多，目前已从大豆、鱼肉、小麦、大米、牛乳等含蛋白质的原料中，酶解制备出具有较好血管紧张素转化酶（ACE）抑制活性的降血压肽。

血管紧张素转化酶是一种金属蛋白酶，能够催化血管紧张素 I 转化为高血压因子血管紧张素 II，因此，抑制该酶的活力已成为控制血压的重要手段。

降压肽的作用效果与所使用的酶制剂和制备方法有密切关系。用 8 种蛋白酶分别进行单一酶和复合酶水解麦胚蛋白生产降血压肽，相比胰蛋白酶、木瓜蛋白酶、风味蛋白酶、胃蛋白酶、中性蛋白酶等，采用碱性蛋白酶生产的小麦蛋白低聚肽 ACE 抑制活性最大，并且在水解度为 16.5% 时所得低聚肽混合物对 ACE 活性有强烈的抑制作用。

缓解体力疲劳功能

疲劳是一个涉及多种生理生化因素的综合性生理过程，涉及机体乳酸积累、糖原不足、能源物质消耗等原因，既是机体工作能力下降的标志，又可能是机体发展到病态的先兆。疲劳最直观的表现是运动耐力的下降，另外肝糖原储备量、血乳酸含量及比值变化、血清尿素氮含量等是评价活性物质是否具有抗疲劳作用的客观指标。研究发现，小麦低聚肽在提高运动能力、缓解运动造成的疲劳方面具有显著效果。

小麦低聚肽缓解体力疲劳的作用，一方面与其较强的

抗氧化活性有关，另一方面可能与其能够促进骨骼肌蛋白质合成有关。补充小麦低聚肽可有效减缓大负荷运动训练或高原训练引起的大鼠骨骼肌蛋白质含量降低，起到纠正或抑制体内“负氮平衡”的作用，其机制可能与促进IGF-1分泌有关。补充小麦低聚肽也可为运动训练大鼠骨骼肌蛋白质的合成提供充足的优质氮源营养物质，有利于保证蛋白质合成的顺利进行。因此，小麦低聚肽缓解运动疲劳作用应与多种机制有关，小麦低聚肽成分的复杂性也支持其作用机制的多样性。

阿片样活性肽功能

小麦蛋白水解后会产生阿片样活性肽，这些肽段可作为激素或神经递质与受体结合，起到调节情绪、体温、脉搏、呼吸和镇痛等作用，并且与心血管功能、呼吸功能、消化功能、免疫功能、内分泌等有着重要的关系，而且无副作用，不会产生依赖性、耐受性和成瘾性，可作为机体内源性阿片样活性肽的补充，共同调节生理活动。

七 其他生理功能

小麦低聚肽具有较高的 Gln 含量，肽段组分也有其独特之处。除前面述及的各项功能外，在抗过敏、抗癌功能方面也有报道。

小麦蛋白本身是一种典型的致敏原，其抗过敏活性高于大豆低聚肽、乌鸡低聚肽、玉米低聚肽和胶原低聚肽。还有研究发现，小麦面筋蛋白来源的谷氨酰胺肽对人胃癌细胞和小鼠淋巴瘤细胞有抑制作用。小麦低聚肽含有大量 Gln，且以低聚肽形式存在，是优良的 Gln 及谷氨酰胺肽补充剂，在调节血糖、保护大脑、增强记忆力等方面也具有一定的作用。

DILIUZHANG

大豆低聚肽的生理功能

大豆是蛋白质含量最为丰富的植物性食物。大豆蛋白含有人体需要的全部氨基酸，并且必需氨基酸模式平衡，是公认的植物来源的优质蛋白质。食品工业利用大豆蛋白含量丰富的特点，常以榨油后的大豆粕制备大豆分离蛋白。

根据国家标准《大豆肽粉》（GB/T 22492–2008) 的定义，大豆肽粉是以大豆粕或大豆蛋白等为主要原料，用酶解或微生物发酵法生产的，分子质量在 5000 道尔顿以下，主要成分为肽的粉末状物质。

基于大豆低聚肽良好的理化加工特性和生理功能特性，适合用于开发一系列营养功能食品：①蛋白质营养食品和特殊医学用途配方食品。由于大豆低聚肽具有易消化吸收的特性，可以为人体特别是特定人群提供重要的蛋白质来源，且分子质量在 300~400 道尔顿的低聚肽一般不会导致过敏，可以满足易过敏人群对氨基酸的摄入需求。②运动营养食品。运动员体力消耗大，需要大量的蛋白质，小分子的大豆低聚肽可以及时为人体补充氨基酸，避免肌肉蛋白质的负平衡，使运动员迅速恢复和增强体力。③保健食品。结合大豆低聚肽的抗氧化、降血压、降血脂等功能，可以以大豆低聚肽为功能配料开发具有相应保健功能的食品。另外，由于大豆低聚肽具有促发酵的作用，还可以应用于食品发酵工艺过程中，用于提高生产效率、改善产品品质。因此，大豆低聚肽在食品工业领域具有广阔的用途和积极的开发应用潜力。

大豆是食品工业开发较早的一种食源肽，大豆肽的标准也是我国出台最早的食源肽标准。2004 年，我国国家发展和改革委员会发布了轻工行业标准《大豆肽粉》（QB/T2653–2004).2008 年，国家质量监督检验检疫总局和国家标准化管理委员会联合发布国家标准《大豆肽粉》（GB/T22492–2008). 在工业化生产的大豆肽品质得到有效保障的前提下，不断深化对大豆低聚肽的功能、肽段结构。

对大豆低聚肽的分子质量分布研究表明，大豆低聚肽的分子质量大多在 1000 道尔顿以下，占 83.54%，其中分子质量在 132~576 道尔顿的肽段含量最高，占 62.78%，多为易被人体直接吸收的二肽、三肽。

抗氧化功能

20世纪初，人们就发现大豆制品具有抗氧化功能，推断大豆中含有一定量的抗氧化活性物质。随着研究的深入，一些活性物质逐步从大豆中分解出来，其抗氧化活性主要源于三类物质：一类是大豆中的非蛋白质成分，如多酚类及黄酮类等物质。另一类物质主要是糖蛋白产物。第三类活性物质就是大豆低聚肽。

酶水解获得的大豆低聚肽清除自由基的能力是普通大豆蛋白的3~5倍。并且随着大豆低聚肽浓度的增加，其抗氧化能力也随之增强。

研究表明，由5~16个氨基酸残基组成的、分子质量分布在600~1700道尔顿内的大豆肽具有良好的抗氧化活性，并且分子质量较小的肽段具有更高的抗氧化活性。

综合多个方面的研究可以发现，在大豆蛋白水解过程中通过控制其水解程度及产物分子质量的大小，可获得具有较好抗氧化活性的大豆低聚肽产品。以大豆低聚肽为功能成分开发具有抗氧化功能的食品，并合理利用，有助于清除机体内自由基，减轻脂质过氧化反应，从而有助于减少一些常见慢性病的发生。

调节血糖功能

2 型糖尿病是由胰岛素分泌缺陷和胰岛素抵抗引起的代谢紊乱综合征，对患者的正常生活造成严重困扰。

大豆分离蛋白经酶解后，对于调节血糖有作用的组分不仅限于低聚肽，一些大分子多肽的降血糖作用也得到研究证实。从大豆中提取到一种由 37 个氨基酸残基构成的肽段（胰安肽，Aglycin)，其特点是水溶性好，物理化学性质稳定，能耐受胃蛋白酶、胰蛋白酶和蛋白内切酶 Glu-C(金黄色葡萄球菌 V8 蛋白酶）的降解，并可显著降低糖尿病伴高血脂模型小鼠的高血糖、血清甘油三酯水平，改善总胆固醇水平；细胞学研究显示，胰安肽对 HepG2 细胞增殖无明显抑制作用。这些研究为开发可有效调控血糖的功能因子提供了新的思路。

三 降血脂功能

高脂血症是指脂肪代谢或者运转异常使人体血液中的血脂含量超过正常范围，表现为血液中胆固醇和（或）甘油三酯过高或高密度脂蛋白过低，现代医学称“血脂异常”。是造成冠心病、心肌梗死等疾病的主要原因。大豆中含有天然的活性物质，如大豆固醇、大豆低聚糖、大豆膳食纤维等，这些物质均有良好的降血脂功能。

大豆蛋白的降血脂作用尤其是降胆固醇作用也获得普遍认可，其作用机制一方面是通过增加胆汁酸的排出；另一方面，大豆蛋白中的豆球蛋白（glycinin)及伴大豆球蛋白还可有效刺激肝脏中的低密度脂蛋白受体，引起胆固醇水平降低。1999 年 12 月，美国食品和药物管理局（FDA)批准了对大豆蛋白的健康声称：“每日摄入大豆蛋白 25g 作为低饱和脂肪和胆固醇膳食的一部分，可降低血液中胆固醇含量，有效预防心血管病”，并对相关商品包装上的标识做了规定。

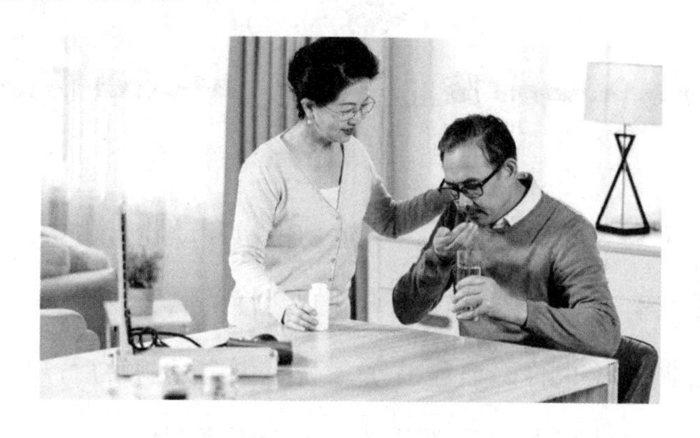

同样，大豆蛋白的酶解产物 - 大豆肽的降脂作用也得到多个研究者的证实。在高脂膳食中添加大豆肽后，大鼠排泄粪便胆汁酸的量明显增加，病理检查发现肝脏中的脂肪沉积明显减轻。

食源性低聚肽降低血清胆固醇还有一些特殊的优点：①对于胆固醇值正常的人，没有降低胆固醇的作用，而对于胆固醇值高的人具有降低胆固醇的作用；②对胆固醇值正常的人，在食用高胆固醇含量的蛋、肉、动物内脏等食品时，也有防止血清胆固醇值升高的作用；③在总胆固醇中，食源性低聚肽所降低的胆固醇是对人体有害的低密度脂蛋白和极低密度脂蛋白（VLDL)，不降低对人体有益的高密度脂蛋白的数值。

降血压功能

近年来多个研究发现，从植物蛋白和动物蛋白中可以分离出具有血管紧张素转化酶抑制活性的肽类物质，称为ACE 抑制肽（也称降血压肽）。大豆蛋白经酶解后产生的具有 ACE 抑制活性的肽类物质，安全无毒副作用，具有良好的研究价值。

体内实验报告，使用碱性蛋白酶水解大豆蛋白得到的产物喂食 SHR 鼠 3 周后，其收缩压下降 38mmHg，血清中的钠离子浓度也下降明显，与常用降压药卡托普利的作用趋势相同。但与卡托普利不同的是，大豆蛋白酶解产物对正常血压大鼠的血压几乎没有影响。对 40 名原发性高血压患者进行的大豆肽的降血压效果研究，给受试者每日食用 3g 大豆肽，连续服用一个月，发现收缩压平均值由142.52mmHg 降低到 134.38mmHg，舒张压平均值由 88.98 mmHg 下降到 84.57 mmHg. 说明大豆肽对原发性高血压患者也有明显的降血压效果。

免疫调节功能

免疫系统与机体健康有着不可分割的关系。研究发现，大豆肽能够增加免疫低下小鼠的胸腺指数和脾脏指数，对免疫低下小鼠的免疫水平有一定促进作用，但对免疫功能正常的小鼠无影响。

肠道是体内最大的免疫器官，同时也是免疫系统中的第一道屏障。实验在仔猪饲料中添加一定的大豆肽，发现仔猪空肠肠道大肠杆菌（Escherichia coli）数量降低，双歧杆菌数量增加，表明大豆肽可有效改善肠道微生物的菌群结构，进而起到调节肠道免疫功能的作用。

缓解运动疲劳功能

运动性疲劳的发生及其程度除与运动强度有关外，也与糖原的贮存、抗氧化水平、乳酸代谢、肌肉纤维损伤修复等多个因素有关。

以专业运动员开展的试验研究证实大豆肽抗疲劳的效果。补充大豆肽有助于增强中长跑运动员体重，提高血清睾酮水平，降低中长跑运动员运动后血清肌酸激酶的浓度和主观体力感觉水平。在以举重运动员开展的试验中也得出相似的结论，并且通过对 80% 最大负荷深蹲时腿部和腰部肌肉肌电信号的测试发现，补充大豆肽能使肌肉的工作效率增加，抗疲劳能力提高。

控制体重功能

近年来越来越多的研究开始关注于如何通过饮食结构的调整达到减肥的目的。胆囊收缩素（CCK）可以刺激胆囊收缩，在调节胃肠活动方面起多种作用，是进食量控制的重要介质。大豆球蛋白中的 β 51–63 肽段可有效刺激 CCK 的分泌，增加饱腹感，从而减少摄食量。

大豆低聚肽对高脂大鼠的体重和体脂均有降低作用，对营养性肥胖有一定的预防作用。利用大豆低聚肽的这一功能发现，开发针对超重和肥胖人群的特定产品或许具有指导性意义。

大豆低聚肽与普通大豆蛋白相比，具有溶解性好、易消化吸收、黏度低等特性，是一种新型、高端、优质的食品配料，特别适用于蛋白饮料、老年蛋白营养强化食品、运动营养食品、特殊医学用途配方食品等营养功能食品，在食品、医药及日用化工等领域均有着广泛的应用前景。

第七章 酪蛋白肽的生理功能

酪蛋白是一种含磷、钙的结合蛋白，又称干酪素、酪朊、乳酪素等，是牛乳中含量最高的蛋白质，约占牛乳蛋白质总量的78%。

酪蛋白经过酶解可以分离出多种生物活性肽类，这些肽类物质具有促进凝结、抗高血压、抗血栓形成、调节胃肠吸收、抑菌抗病、抗过敏等功能，同时食用安全，是非常好的营养功能物质。

一 阿片样活性肽功能

阿片是一种有着长久使用历史的镇痛类药物，镇痛效果强，但由于其具有较强的成瘾性，医学上应用较为谨慎，目前基本应用于术后患者及癌症患者的疼痛缓解。与此同时，科研工作者们为了寻找副作用小且具有阿片作用的镇痛药物，开展了广泛的研究。1973 年，美国约翰·霍普金斯大学、纽约大学和瑞典乌普萨拉大学分别独立发现哺乳动物乳汁中有类似阿片类药物作用的物质。他们发现这些具有特定结构的分子能够结合阿片受体，同时起到镇痛的效果。德国科学家在牛乳（酪蛋白源）中发现具有阿片样活性的外源肽，引起了研究界极大的重视。

阿片肽从来源上分为内源性阿片肽及外源性阿片肽，其中内源性阿片肽是体内合成的，如脑啡肽、强啡肽等；而外源性阿片肽是来源于食物的具有特定阿片样活性的肽段，其中来源于酪蛋白的阿片样活性肽是非常重要的一类。

结合矿物质辅助吸收的功能

由于酪蛋白结合有磷酸基团，有助于促进常量元素

（Ca，Mg）和微量元素（Fe，Zn，Cu，Cr，Ni，Co，Mn，Se）的高吸收。酪蛋白可以与金属离子（特别是钙离子）结合，一方面，可溶性复合物的形成有效地防止在小肠的中性或微碱性环境中形成钙沉淀；另一方面，允许钙在没有维生素 D 参与的情况下被肠壁细胞吸收。酪蛋白磷酸肽是目前普遍认可的具有促钙吸收作用的肽类物质，在我国已被列入营养强化剂。CPP 是牛奶酪蛋白经蛋白酶分解，再提纯得到的一类磷酸肽。

CPP 是一类含有磷酸丝氨酸和谷氨酸簇的短肽，CPP 能够作为矿物质元素载体促进小肠黏膜对钙、铁、锌、硒、锰及铜的吸收和利用。

乳源蛋白肽中除了乳铁蛋白肽外，一些酪蛋白来源的肽段也具有抗菌功能。同时研究发现，很多氨基酸残基数

量在10个以上的多肽也表现出明显的抗菌效果。

对于酪蛋白肽抗菌作用的机制，目前还没有明确的结论，多数假说都认为是抗菌肽通过物理方式和细胞膜发生作用，影响了细菌生长。

目前，学界认为抗菌肽的作用机制主要有：①形成细胞膜电势依赖性通道，破坏细菌细胞膜磷脂层，使细菌最终不能保持正常渗透压而致死；②抑制细菌的呼吸作用；③抑制细胞外膜蛋白的合成，使细菌细胞膜通透性增加，生长受到抑制；④抑制细菌细胞壁的形成，使细菌不能维持正常形态；⑤对一些细菌及病原体的染色体DNA有断裂作用。

免疫调节功能

酪蛋白中很多活性片段都具有免疫调节作用。

从人乳 β－酪蛋白中分离出的六肽具有很强的免疫调节能力，在很低的剂量下就可以激活巨噬细胞活性。牛乳中的酪蛋白肽也具有相关免疫活性。研究发现，酪蛋白水解肽均具有免疫调节功能。这些片段可以刺激机体淋巴细胞增殖，增强巨噬细胞吞噬能力，提高机体对病原物质的抵抗能力。

乳清蛋白肽的生理功能

乳清蛋白含有人体所需的必需氨基酸，富含支链氨基酸、半胱氨酸、甲硫氨酸，相对分子质量小，容易消化吸收。

乳清蛋白肽中含有多种生物活性肽，按功能可分为吗啡样活性肽、降血压肽、免疫调节肽、促进矿物质吸收转运的肽、抗菌肽、促进细胞生长肽等。

α-乳白蛋白和 β-乳球蛋白是乳清蛋白中含量最多的组分，二者经水解产生的低聚肽具有广泛的生物活性，如抗氧化、降血压、降血糖、免疫调节、降胆固醇及其他代谢作用。但在实际的工业化过程中，鲜有将两种蛋白质来源的肽分开生产和使用。

抗氧化功能

α－乳白蛋白及 β－乳球蛋白总计占乳清蛋白的近六成，其中 β－乳球蛋白含有很多还原性末端，具有很好的抗氧化活性，研究者针对乳清蛋白及其水解物的抗氧化功能有很多研究。

发酵乳清蛋白，产生的部分肽类物质具有抗氧化特性。乳清蛋白经蛋白酶水解后，其水解物的 DPPH 清除能力较乳清蛋白有所提升。其空间结构被打开，大量活性基团暴露，增加了与氧化物反应的活性位点数目，从而使抗氧化能力得以提高。除此之外，水解后得到的乳清蛋白肽，其表面活性剂的能力加强，在溶液体系中可以凭借两亲性将油脂与水溶液隔离开，从而阻止油脂氧化反应的发生。

降血压功能

目前发现的绝大多数具有 ACE 活性抑制功能的肽都是分子质量在 1000 道尔顿以下的低聚肽，肽链长度在 2~9 个氨基酸残基。这些低聚肽很多可以不被进一步降解而直接通过小肠吸收，在积累到一定浓度后发挥 ACE 活性抑制功效。

降血糖功能

近年来国内外研究人员围绕乳清蛋白及乳清蛋白肽的降血糖作用及机制进行了广泛的研究，并取得了一定的成果。临床研究发现，乳清蛋白能明显抑制受试者 2 小时内餐后血糖的升高。

降胆固醇功能

乳清蛋白肽也具有降胆固醇功能，但相比其降血压和抗氧化功能，研究较少。

其他功能

乳清蛋白肽在免疫系统调节中发挥着重要作用。关于乳清蛋白肽的阿片样活性在酪蛋白肽的生理功能中已有比较详细的阐述。

豌豆低聚肽的生理功能

豌豆在我国也是主要的食用豆类作物，可以作为蔬菜和粮食食用，并具有一定的药用价值。豌豆营养丰富、全面且均衡，尤其富含蛋白质、碳水化合物、维生素、矿物质等成分。豌豆中蛋白质的平均含量超过 20%，低于大豆，高于绿豆、豇豆。

豌豆蛋白中包含白蛋白、球蛋白和谷蛋白，分别占 21%、66% 和 2%。白蛋白含有更多的色氨酸、赖氨酸、苏氨酸和其他含硫氨基酸；球蛋白含有更多的精氨酸、苯丙氨酸、亮氨酸和异亮氨酸。氨基酸的比例比较平衡。

与其他食源蛋白来源的低聚肽一样，豌豆低聚肽也表现出多种生理活性，如抗氧化、降血压、降血脂等，对于改善和保障人体健康具有良好的作用。

一 抗氧化功能

科学研究发现，与其他食源性低聚肽一样，豌豆低聚肽具有明显的清除自由基的作用。

豌豆低聚肽的抗氧化活性是由分子供氢能力和自身结构稳定性决定的，通过捕捉自由基反应链中的过氧化氢自由基，阻止或减弱自由基链反应的进行。氢原子给予自由基后，本身成为自由基中间体，此中间体越稳定，其前体就越容易清除自由基，抗氧化能力也就越强。

可见，豌豆肽的抗氧化能力应该与相关特定肽段的结构与分子质量密切相关。

辅助降血压功能

研究发现，以碱性蛋白酶水解豌豆蛋白，分子质量<1000 道尔顿的豌豆肽中，分子质量为 300~500 道尔顿的组分，占 60.39%。以由 2~4 个氨基酸组成的肽段居多，提示分子质量较小的短肽，具有较强的 ACE 抑制活性；豌豆蛋白分别经碱性蛋白酶、风味蛋白酶和木瓜蛋白酶水解，木瓜蛋白酶水解液的 ACE 抑制活性最高。

免疫调节功能

研究发现，豌豆肽能够有效减轻环磷酰胺对小鼠脾脏、胸腺组织结构造成的破坏，避免环磷酰胺引起的小鼠白细胞计数、骨髓有核细胞数量，以及骨髓 DNA 含量下降。

豌豆肽对免疫抑制小鼠的体液免疫也具有一定的改善作用，表现为免疫球蛋白 IgG、IgM 含量的增加。在免疫细胞方面，豌豆肽能调整免疫低下小鼠 T 淋巴细胞亚群的异常分布，表现出对细胞免疫的改善作用。

四 辅助调节血糖功能

豌豆低聚肽在调节胰岛素表达方面效果显著，利用不同浓度的豌豆肽对胰岛素诱导的 HepG2 细胞进行作用时，其葡萄糖消耗量提高 1.31–1.68 倍，胰岛素受体（InsR) 的表达水平提高 1.19–1.34 倍，凋亡蛋白 Caspase–3 阳性率表达增加，说明豌豆低聚肽对肝细胞内胰岛素抵抗的形成具有一定缓解作用。豌豆低聚肽还能明显降低高脂饮食和链脲佐菌素（STZ) 诱导的 2 型糖尿病小鼠的血糖水平、脂质分布和肝脂肪沉积，改善糖尿病小鼠的葡萄糖耐量，促进糖原合成，保护肝脏和肾脏的结构。

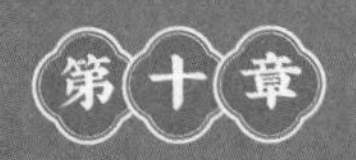

第十章 大米低聚肽的生理功能

稻谷是世界上最重要的粮食作物，而我国是世界上最大的稻米生产国和消费国。在我国，稻米的深加工主要用于制作米粉、酒、淀粉糖、有机酸和味精。大米的蛋白质含量在8%左右，提取淀粉后，剩余米渣的蛋白质含量一般在40%~70%。对米渣蛋白可以使用碱萃取、溶剂萃取、酶法、复合提取和物理分离等方法进行提纯，以将大米蛋白的含量提高至浓缩蛋白级（蛋白质含量70%~89%）和分离蛋白级（蛋白质含量高于90%），为大米蛋白的广泛利用提供便利条件。目前，我国市场上出售的食品级大米蛋白都是由米渣提取纯化而来。

大米低聚肽是大米纯度蛋白经过酶解、分离和纯化获得的肽类混合物。目前市场上的大米低聚肽粉其纯度有一定的差异，纯度比较高的其肽含量接近 90%，其中分子质量 < 1000 道尔顿的组分所占比例在 90% 以上。

大米低聚肽不仅能为人体提供各种氨基酸，具有较高的蛋白质营养作用，也与其他植物源蛋白肽一样，具有多种生理功能，当前研究最多的是抗氧化、免疫调节、辅助降血压以及对皮肤健康改善方面的作用等。

抗氧化功能

研究发现，大米低聚肽能显著提高 D- 半乳糖诱导的衰老小鼠模型血清中过氧化氢酶（CAT)、总超氧化物歧化酶（SOD) 的活性，降低丙二醛（MDA) 的含量。当采用合适的蛋白酶水解大米蛋白时，其中具有抗氧化活性的肽段会被释放出来。采用不同的蛋白酶水解大米蛋白后，其酶解产物的抗氧化活性也有一定差别。采用微生物发酵法对大米蛋白进行发酵处理，得到的发酵产物也具有明显的抗氧化活性。有研究报道，用枯草芽孢杆菌发酵米渣，得到的肽产物具有较强的还原能力；用米曲霉发酵米糠制备的肽产物，对羟自由基和DPPH自由基清除率，最高分别达到86.2%和69.8%。

降血压功能

大米低聚肽的降血压作用也与其中某些特定肽段的ACE抑制活性有关。利用碱性蛋白酶酶解米糠蛋白，使用膜过滤和凝胶色谱等分离手段进行纯化得到的大米肽，ACE抑制率可达到73.30%。

改善皮肤健康功能

大米低聚肽对皮肤健康也有一定的效果，主要表现在减少黑色素形成以及促进胶原蛋白和弹性蛋白的合成。利用人皮肤黑色素细胞（PIG1 细胞）和人皮肤成纤维细胞（HSF 细胞）分别建立紫外线（UVB) 损伤模型，研究发现，随着大米低浓度的增加，抑制细胞内活性氧自由基（ROS) 生成的能力越来越强，降低 PIG1 细胞黑色素含量和酪氨酸酶活力的能力逐渐增强，表现出一定的美白功能。

大米低聚肽可以显著提高受损 HSF 细胞的生存率，使

其免受紫外线损伤，并提高羟脯氨酸的含量，有利于改善皮肤弹性。还有研究报道，大米肽与海洋鱼皮胶原低聚肽复配，较单独使用对酪氨酸酶活力的抑制效果更显著，有助于减少黑色素的生成和保护细胞免受氧化应激的损伤。将大米肽添加于化妆品基质中，在添加质量比为4.0g/kg时，连续给受试者使用4周以上，能使脸部皱纹减少11.8%，具有很好的抗皮肤衰老功效。

四 其他功能

采用胰蛋白酶酶解可溶性大米蛋白，从酶解物中获得的一种八肽，除具有促进回肠平滑肌收缩、阿片样活性外，还具有免疫调节作用。酶解大米球蛋白，分离得到一种九肽，可通过抑制细胞凋亡和降低黏附分子表达，发挥对血管内皮细胞的保护作用。

附录1 海洋鱼骨胶原低聚肽

海洋鱼骨胶原低聚肽是以海洋鱼骨胶原蛋白为原料，利用生物酶解技术提取制备而成。与海洋鱼皮胶原低聚肽一样，它也是由2~6个氨基酸组成，分子质量在1000道尔顿以下，容易消化吸收，并在增加骨密度、维护骨健康方面表现出一定的生物活性。

临床研究证实，海洋鱼骨胶原低聚肽营养制剂能明显降低骨质疏松患者血清1型胶原C末端肽，升高血清骨碱性磷酸酶，提示该营养制剂能够使成骨细胞活性增强，破骨细胞活性受到抑制，表现出预防和改善骨质疏松的效果；同时患者疼痛感、四肢活动障碍等自觉症状也有不同程度的改善或消失。这说明海洋鱼骨胶原低聚肽有助于促进骨骼形成，改善骨质疏松状况。海洋鱼骨胶原低聚肽还能够与骨细胞和钙、磷等矿物质共同促进新骨形成，并调节钙、磷代谢，增加骨钙沉积。为采用营养干预的方法预防和改善老年骨关节退行性病变提供了一种新的功能配料。

附录❷ 乳蛋白肽

蛋白质是哺乳动物乳汁中的重要成分，乳蛋白中含有人体必需的氨基酸，消化率可达 90% 以上，是一种完全和最佳的蛋白质。食品工业可以利用的奶源有奶牛乳（常简称“牛乳”）、水牛乳、绵羊乳、山羊乳、骆驼乳等 10 多种，其中牛乳是人类利用最多的动物乳，牛乳中含有和人乳近似的营养成分，但其蛋白质总量却是人乳的 4 倍。

牛乳产品凭借其丰富的产能及良好的营养功能，占全世界乳制品消费量的 95%(林单等，2013)，也是最主要的乳蛋白工业原料。

牛乳蛋白主要由酪蛋白和乳清蛋白两大部分组成，前者为牛乳在 20℃、pH 4.6 条件下沉淀下来的蛋白质，余下溶解于乳清的蛋白质均称为乳清蛋白。乳清蛋白比酪蛋白有着更高的生物效价、净利用率和蛋白质效价比。

乳清蛋白和酪蛋白虽然都是人类良好的蛋白质来源，但也有致敏、难以消化等不利于应用的弊端。

利用生物酶解的方法将牛乳蛋白酶解处理，制成蛋白质水解物或肽的形式，成本低，操作简便，已被食品工业普遍采用。这也是减少或消除蛋白质过敏原最有效的方法。在西方国家，乳蛋白水解产物已广泛用于婴儿和特殊医学用途配方食品中。同时，将大分子的蛋白质分解，还可以产生具有免疫调节、抗高血压、阿片肽活性、促矿物元素吸收等生理功能的多种活性肽，明显提高了其健康价值。

虽然牛乳中的乳清蛋白和酪蛋白在营养上都属于优质蛋白质，但由于两种乳源蛋白在蛋白质分子结构、加工特性和氨基酸组成序列等方面存在明显的差别，所以，以乳清蛋白制备的乳清蛋白肽和以酪蛋白制备的酪蛋白肽在肽段结构和功能方面也有一定的差异。